Nidos

Julie Murray

Abdo Kids Junior es una
subdivisión de Abdo Kids
abdobooks.com

Abdo
CASAS DE ANIMALES
Kids

abdobooks.com

Published by Abdo Kids, a division of ABDO, P.O. Box 398166, Minneapolis, Minnesota 55439.

Printed in the United States of America, North Mankato, Minnesota.

102019

012020

Spanish Translator: Maria Puchol

Photo Credits: Alamy, iStock, Minden Pictures, Shutterstock

Production Contributors: Teddy Borth, Jennie Forsberg, Grace Hansen

Design Contributors: Christina Doffing, Candice Keimig, Dorothy Toth

Library of Congress Control Number: 2019944077

Publisher's Cataloging-in-Publication Data

Names: Murray, Julie, author.

Title: Nidos/ by Julie Murray.

Other title: Nests. Spanish

Description: Minneapolis, Minnesota: Abdo Kids, 2020. | Series: Casas de animales | Includes online resources and index.

Identifiers: ISBN 9781098200633 (lib.bdg.) | ISBN 9781644943717 (pbk.) | ISBN 9781098201616 (ebook)

Subjects: LCSH: Animal housing--Juvenile literature. | Animal nests--Juvenile literature. | Nest building--Juvenile literature. | Animals--Habitations--Juvenile literature. | Spanish language materials--Juvenile literature.

Classification: DDC 591.564--dc23

Contenido

Nidos

Muchos tipos de animales viven en nidos.

Las aves construyen nidos. Ahí es donde ponen los huevos.

Muchos nidos están hechos de **ramitas**, barro y pasto. El nido del petirrojo tiene forma de cuenco.

El nido del águila calva americana es grande. Suelen estar en lo alto de los árboles. ¡Mide 6 pies (1.8m) de ancho!

El nido de la avestruz está en la tierra. ¡Los huevos de avestruz son grandes!

Las avispas viven en nidos.

Sus nidos no paran de crecer.

Las hormigas también viven en un nido. Es un nido **subterráneo**.

Las tortugas marinas excavan su nido en la arena. Ahí **entierran** sus huevos.

¿Has visto alguna vez un nido?

¿Quién vive en nidos?

ardillas grises

caimanes

pájaros tejedores

ratones espigueros

Glosario

enterrar
cubrir con tierra o arena en el suelo.

ramita
parte pequeña de madera, parte de una rama.

subterráneo
que está bajo la superficie de la tierra.

Índice

¡Visita nuestra página **abdokids.com** y usa este código para tener acceso a juegos, manualidades, videos y mucho más!